U0281402

给孩子讲中国航天

北斗导航卫星

夏光 著　孙超 绘

电子工业出版社
Publishing House of Electronics Industry

北京·BEIJING

提起导航，我们一定先想到汽车导航仪。汽车导航仪是实现导航的一种方式，它能告诉你汽车带着你到了哪里，怎么去想去的地方，还能告诉你需要多长时间到达。

汽车导航仪还能提前告诉我们哪里交通不畅通，推荐最合适的路线，绕开堵车的地方。

在汽车导航仪出现之前，人们会使用其他的导航方式。古代人擅于观星辨方向，比如通过北斗七星找到北方，给自己指路。

指南针在古代叫司南，可以为大海中航行的船指引方向。航海家还
会利用罗盘、海图和计时的沙漏，估测自己航行中的位置。

司南

罗盘

沙漏

海图

现在，我们用得最多的是卫星导航。汽车导航仪就是利用卫星导航技术给我们指路指方向的。卫星导航需要导航卫星星座、地面站和用户设备一起工作实现，这 3 个部分组成了卫星导航系统。

用户设备

导航卫星星座

地面站

卫星导航系统要给我们提供导航（去哪里）、定位（在哪里）和授时（精确的时间）服务，因此离不开对时间的测量。导航卫星上的时间是由原子钟测量的，人们认为原子钟是世界上最准确的计时器。

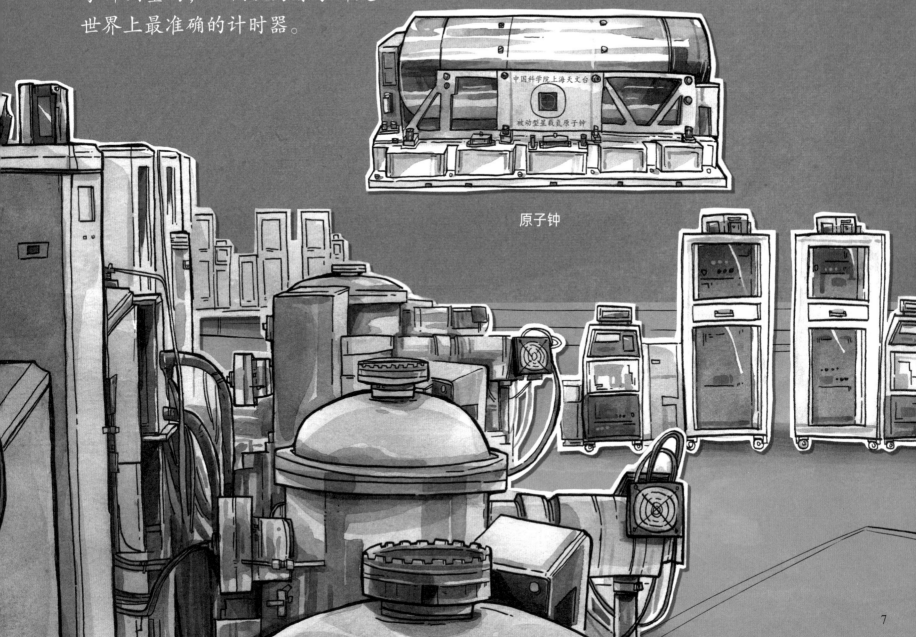

原子钟

在卫星导航系统中，只能为部分区域内的人们提供导航服务的，叫作区域卫星导航系统；能为全球的人们提供导航服务的，叫作全球卫星导航系统。

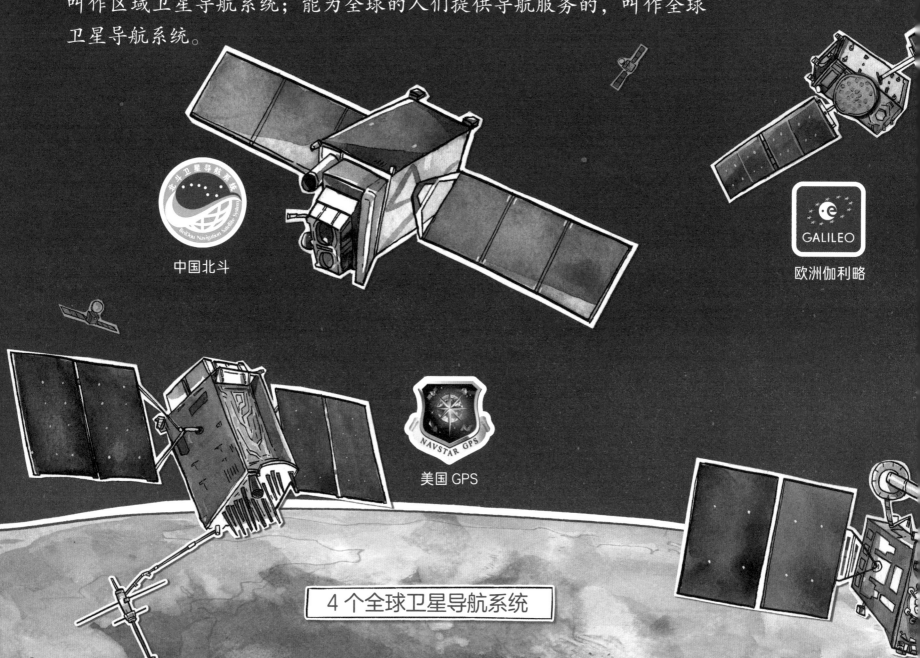

中国北斗

欧洲伽利略

美国 GPS

4 个全球卫星导航系统

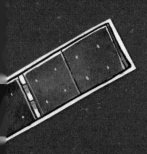

2 个区域卫星导航系统

日本准天顶

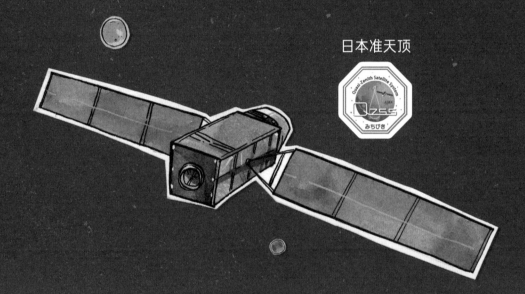

俄罗斯格洛纳斯

印度区域导航卫星系统

中国的卫星导航系统叫"北斗"，人们希望它像北斗七星一样一直为我们导航，指引方向。

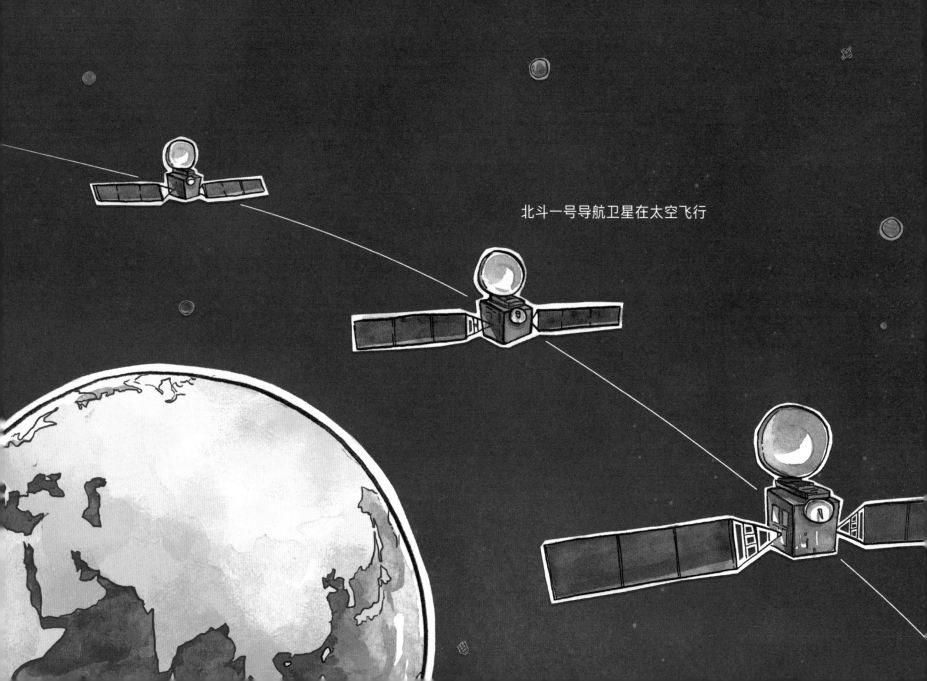

北斗一号导航卫星在太空飞行

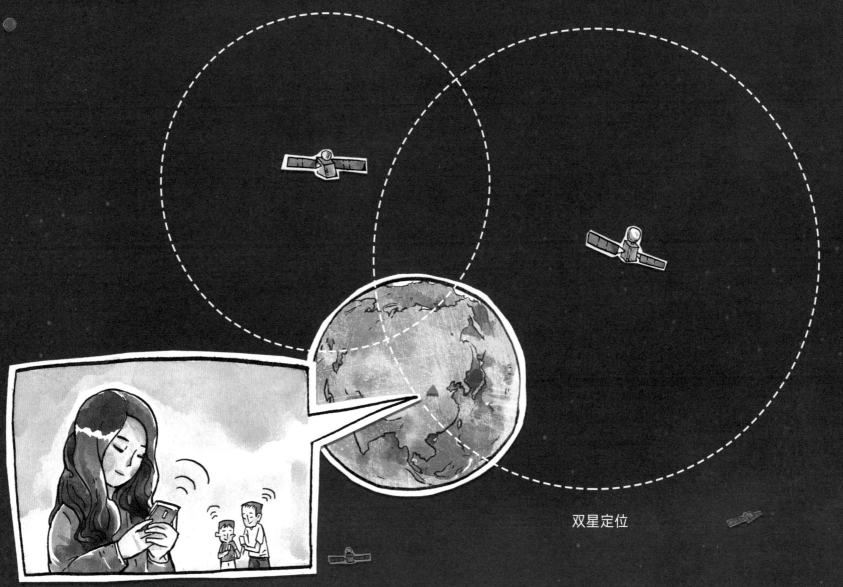

双星定位

　　北斗一号卫星导航系统是最先建造的，它采用双星定位的方式，也就是 2 颗卫星提供导航定位服务。不过，北斗一号的能力有限，只能为身在中国国内和中国周边的人导航。人们要主动向卫星发送申请信号，才能获得导航定位信息。

北斗二号卫星导航系统包括 14 颗卫星，比北斗一号的导航定位本领强很多，服务范围扩大到整个亚太地区。用户设备只要能接收到 4 颗北斗二号导航卫星发来的信号，就能确定自己的位置。要想获得更精确的位置信息，用户设备得努力接收更多导航卫星发送的信号。

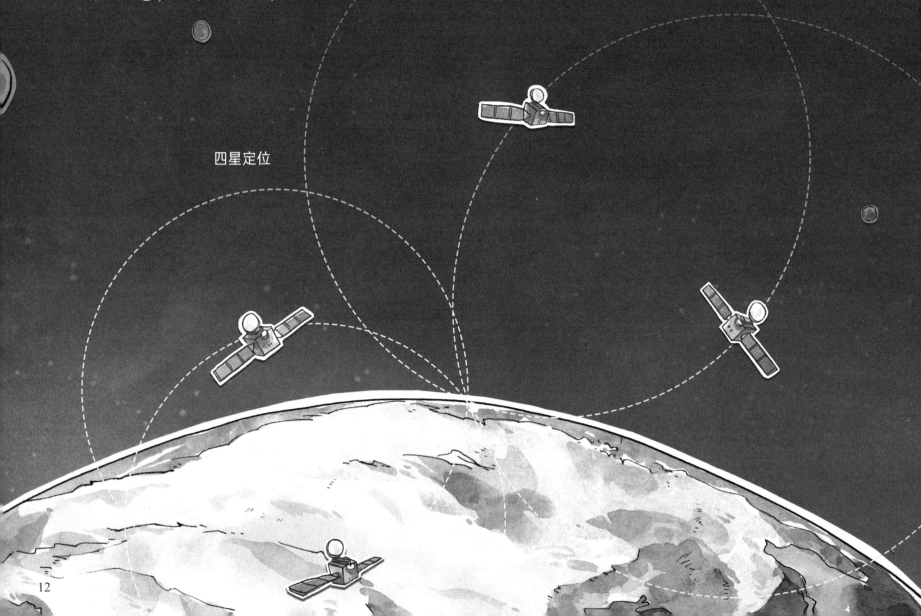

四星定位

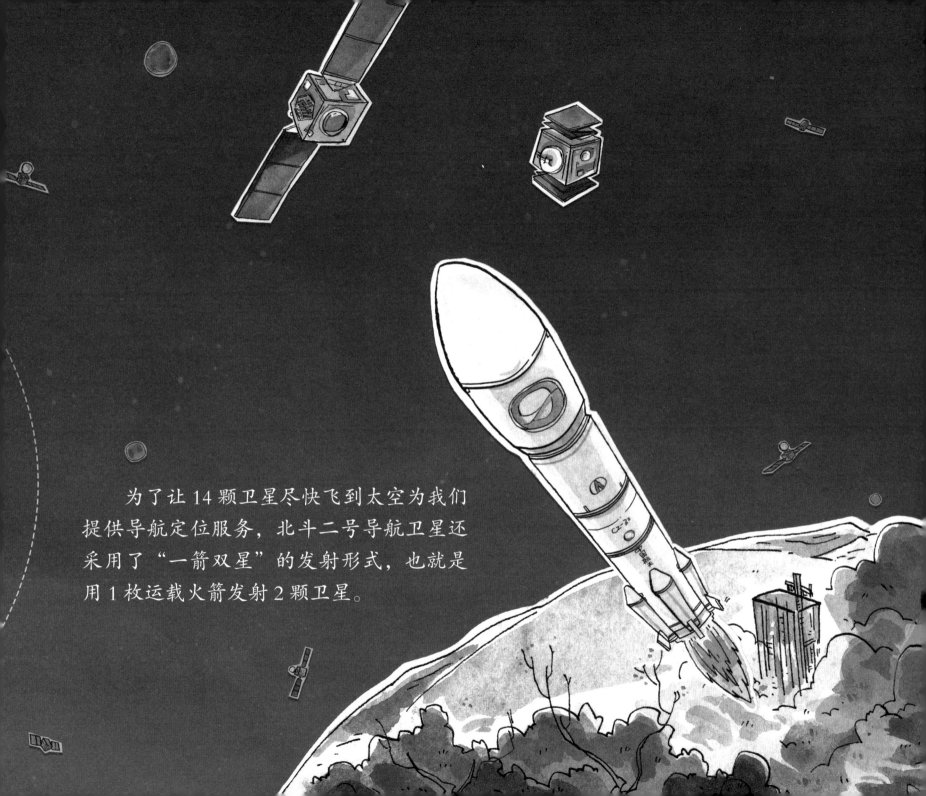

为了让 14 颗卫星尽快飞到太空为我们提供导航定位服务，北斗二号导航卫星还采用了"一箭双星"的发射形式，也就是用 1 枚运载火箭发射 2 颗卫星。

北斗三号卫星导航系统包括更多的卫星，有 30 颗。30 颗卫星在 3 个轨道上飞行，人们把它们亲切地称为"吉星""爱星""萌星"。这些卫星能为全球的用户提供导航定位服务，而且提供的位置信息更精确。

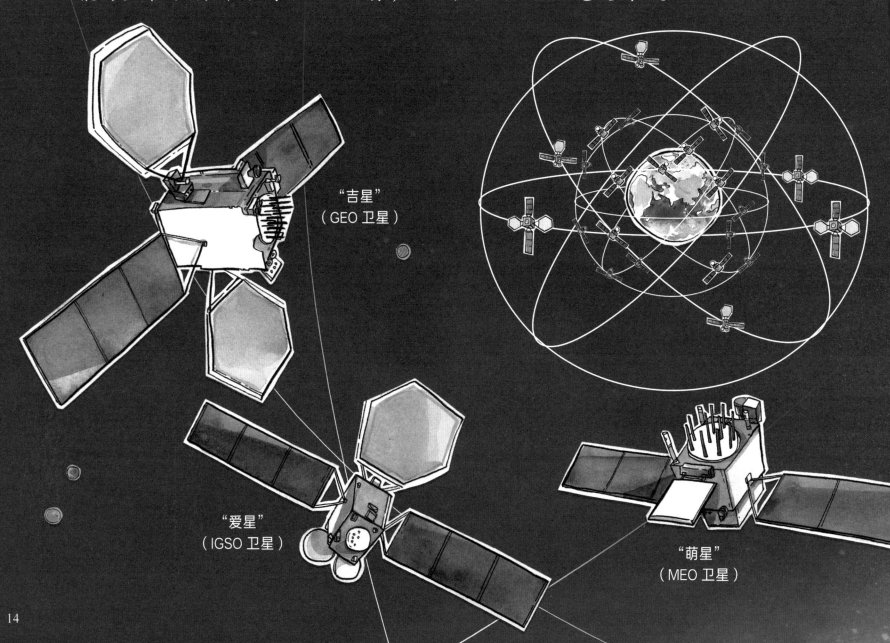

"吉星"
（GEO 卫星）

"爱星"
（IGSO 卫星）

"萌星"
（MEO 卫星）

说到北斗三号导航卫星，最大的亮点是星间链路，也就是在太空飞行的卫星之间可以直接通信联系，这样只用中国国内的地面站就可以控制和观测到所有在太空中飞行的北斗三号导航卫星了。

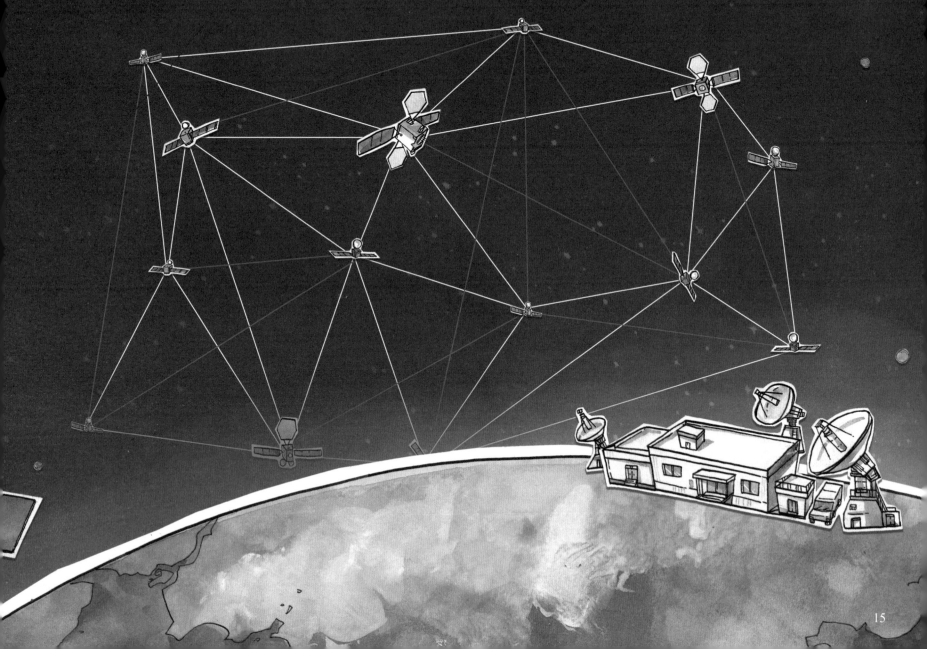

北斗导航卫星能在太空中工作10年以上。寿命末期的卫星需要给替换卫星腾出轨道位置。卫星不断更新，保证在轨道上工作的卫星数量，我们就能一直享受北斗导航卫星的导航服务了。

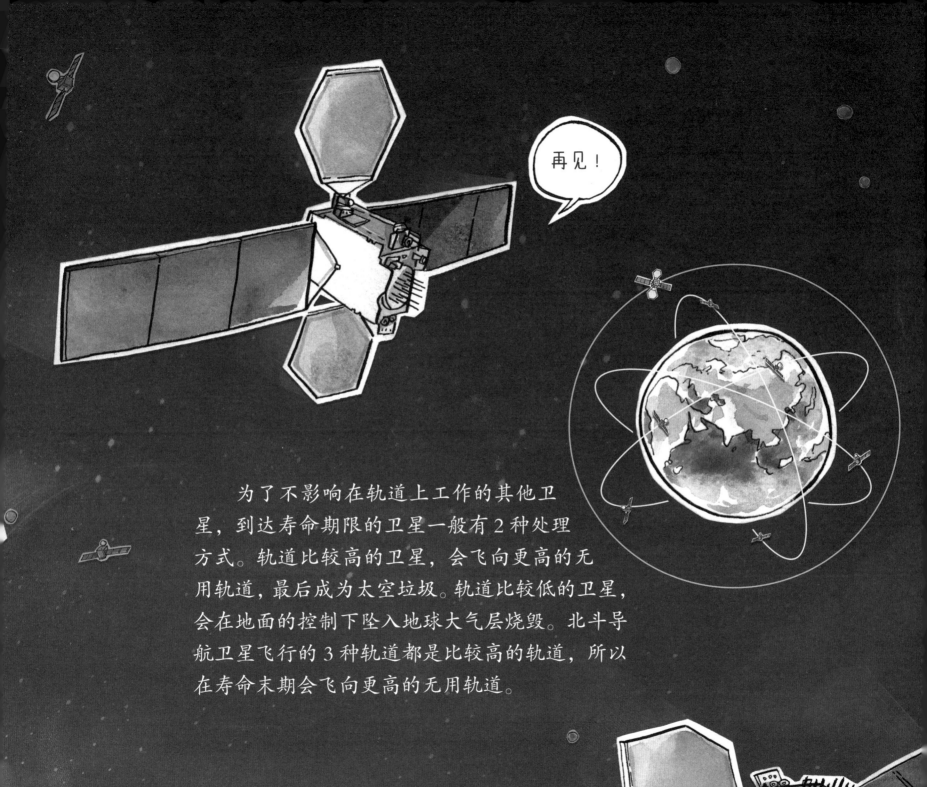

再见！

为了不影响在轨道上工作的其他卫星，到达寿命期限的卫星一般有 2 种处理方式。轨道比较高的卫星，会飞向更高的无用轨道，最后成为太空垃圾。轨道比较低的卫星，会在地面的控制下坠入地球大气层烧毁。北斗导航卫星飞行的 3 种轨道都是比较高的轨道，所以在寿命末期会飞向更高的无用轨道。

导航、定位和授时，是导航卫星必备的本领。北斗导航卫星还有自己的第四大技能，那就是短报文通信，也就是能为用户传递短信息。利用其他导航卫星，我们只能知道自己在哪儿；通过北斗导航卫星，我们还可以发送信息，告诉别人我们在哪儿。

运控中心

用户

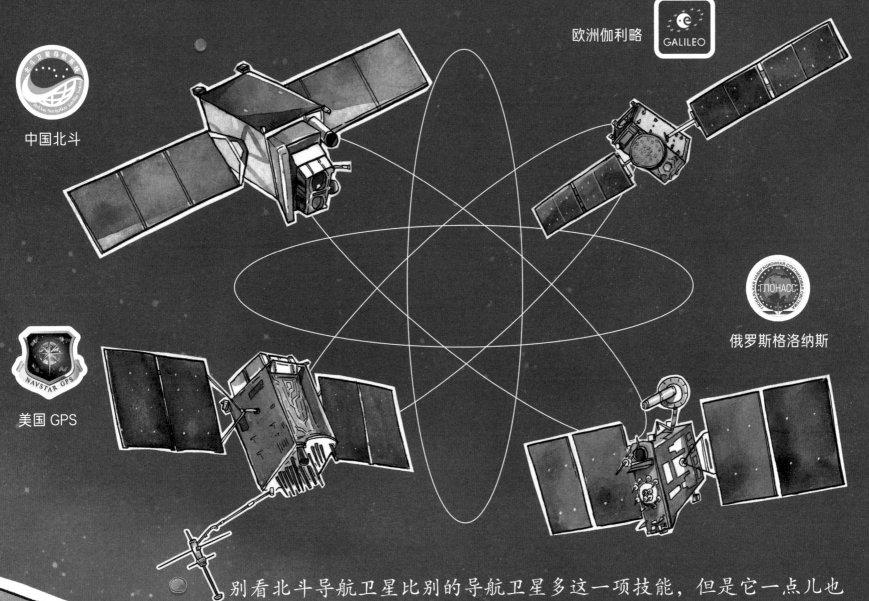

欧洲伽利略 GALILEO

中国北斗

美国 GPS

俄罗斯格洛纳斯

别看北斗导航卫星比别的导航卫星多这一项技能，但是它一点儿也没有骄傲。它还能与美国 GPS、俄罗斯格洛纳斯、欧洲伽利略导航卫星一起合作，让更大范围内的人们获得更准确的位置信息，更好地为人们提供服务。

北斗卫星导航系统为我们提供导航、定位、授时和通信服务。在我们的生活中，北斗卫星导航系统的应用十分广泛，四处可见。除了我们常用的汽车导航，北斗卫星导航系统还可以帮助人们更准确、快速地找到共享单车。

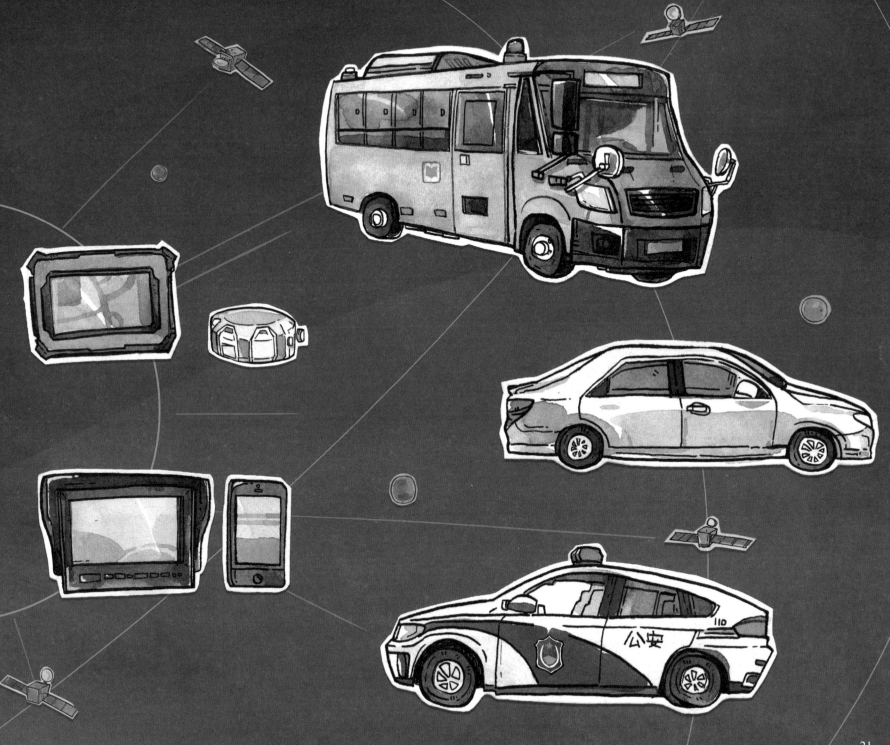

利用北斗卫星导航系统，无人驾驶的农机可以自己工作。也许你吃的面包和馒头，就是由北斗无人驾驶收割机收割的小麦做成的。

哇！

渔民出海更离不开北斗卫星导航系统。在茫茫的大海中航行，有了北斗导航，渔船就不会偏离航线。

我们旅行时乘坐的高铁，也用到了北斗卫星导航系统。有人说，中国高铁跑得稳，天上"北斗"功不可没。

G7873 350 km/h

比如京张高铁，它是我国第1条采用北斗卫星导航系统的智能化高铁，设计时速高达350千米。

北斗接收机还随登山队员一起登上了珠穆朗玛峰的峰顶，在峰顶接收到北斗导航卫星的信号，帮助登山队员测量珠穆朗玛峰的峰顶高度。

武汉火神山、雷神山医院建设，也有北斗卫星导航系统的功劳。北斗卫星导航系统为医院的建设提供了精确的测量数据，为医院的迅速建成节约了大量的时间。

配送医疗防疫物资的无人机，在北斗卫星导航系统的指引下将物资精准地送到医护人员手中。

防控疫情，守望

北斗卫星导航系统还可以服务"一带一路"沿线的国家，帮助那里的人们更方便地生活和工作。缅甸的土地规划、老挝的农业病虫灾害监测管理和文莱的智慧旅游，都应用了北斗卫星导航系统。

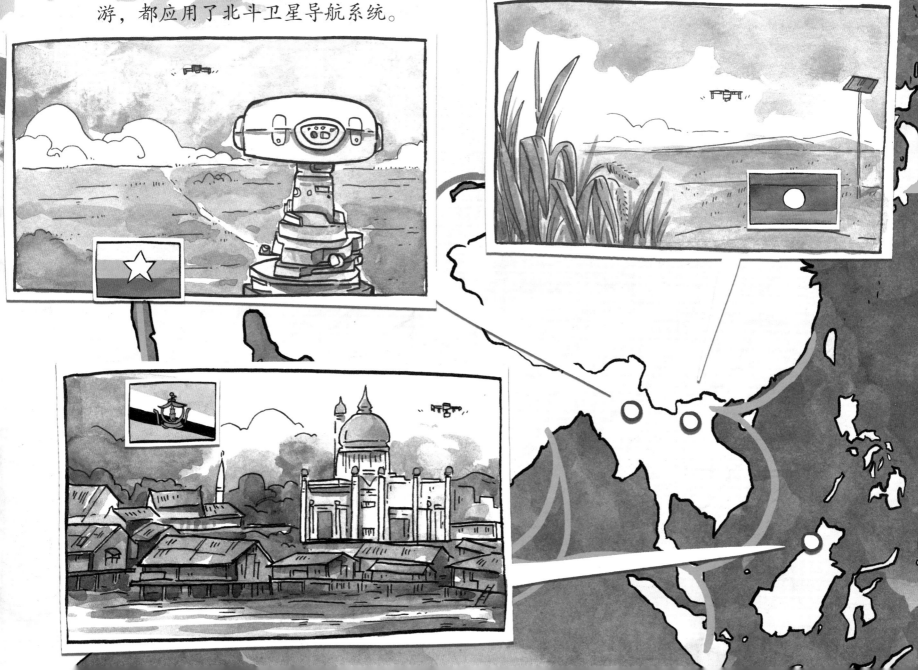

北斗卫星导航系统还是国际搜索和救援卫星系统中的一员。搭载搜救载荷的北斗三号"萌星"，能为全球的陆上、海上和空中的遇险者提供遇险报警和定位服务，还能让遇险者得到反馈信号，帮助遇险者获得及时有效的救助。

"萌星"
（MEO 卫星）

国际搜救和救援卫星系统
（COSPAS-SARSAT）

北斗卫星导航系统建设按照"三步走"战略实施，从覆盖中国及周边，到覆盖亚太地区，再到覆盖全球。为了实现这个目标，在 26 年的时间里共发射了 55 颗北斗导航卫星。

北斗卫星导航系统将为越来越多的国家、越来越多的人们提供导航、定位和授时服务。

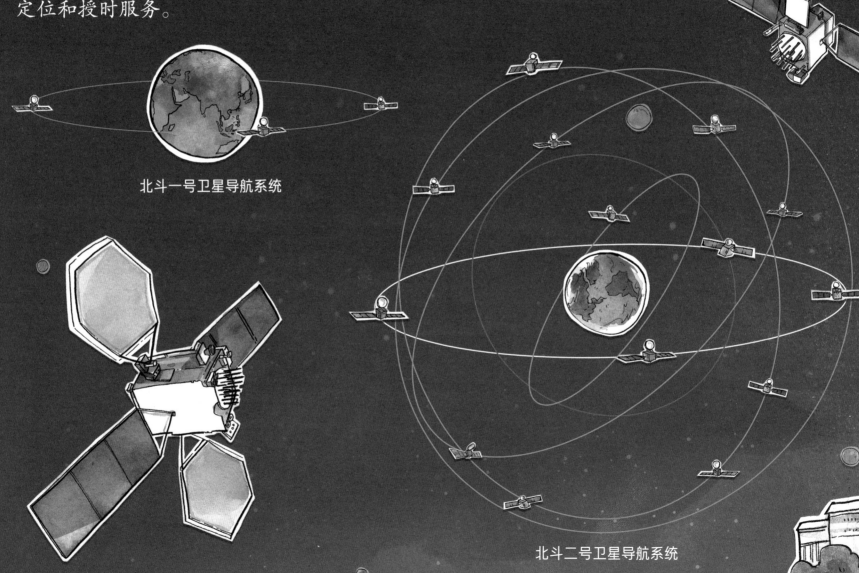

北斗一号卫星导航系统

北斗二号卫星导航系统

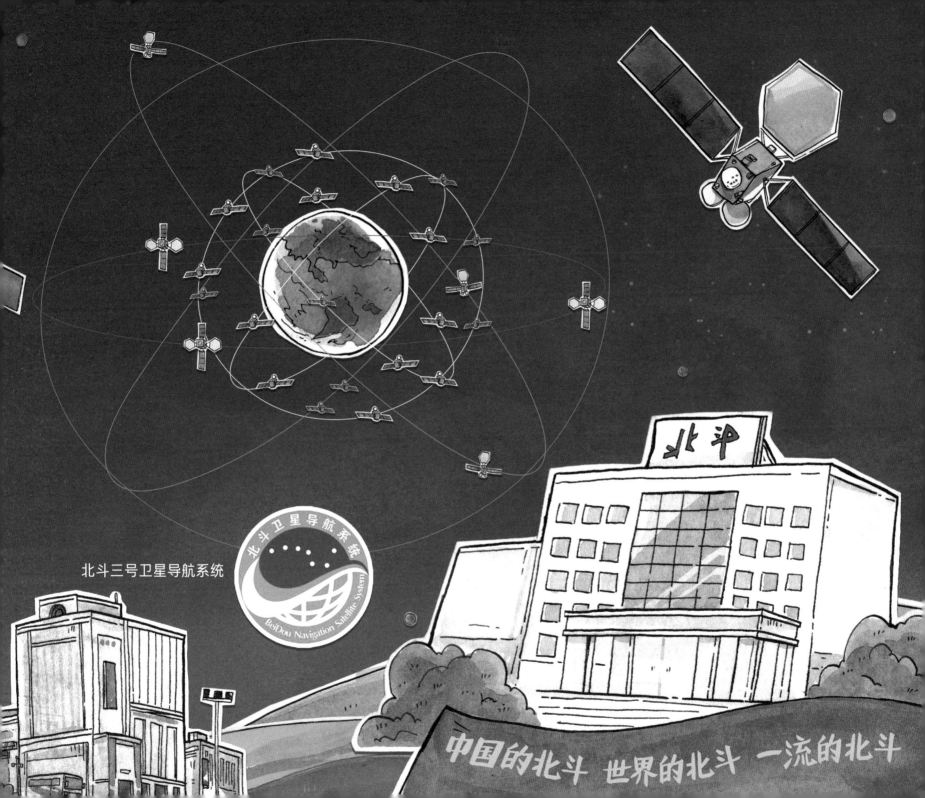

北斗三号卫星导航系统

中国的北斗 世界的北斗 一流的北斗

图书在版编目（CIP）数据

给孩子讲中国航天.北斗导航卫星 / 夏光著；孙超绘. -- 北京：电子工业出版社，2022.11
ISBN 978-7-121-42672-8

Ⅰ.①给… Ⅱ.①夏… ②孙… Ⅲ.①航天－儿童读物②卫星导航－全球定位系统－儿童读物
Ⅳ.①V4-49②P228.4-49

中国版本图书馆CIP数据核字（2022）第112412号

审图号：GS京（2022）0957号
本书中第11、28页地图系原文插图。

责任编辑：朱思霖
印　　刷：北京尚唐印刷包装有限公司
装　　订：北京尚唐印刷包装有限公司
出版发行：电子工业出版社
　　　　　北京市海淀区万寿路 173 信箱　邮编：100036
开　　本：889×1194　1/16　印张：6　字数：20.7 千字
版　　次：2022 年 11 月第 1 版
印　　次：2024 年 12 月第 5 次印刷
定　　价：135.00 元（全 3 册）

凡所购买电子工业出版社图书有缺损问题，请向购买书店调换。若书店售缺，请与本社发行部联系。
联系及邮购电话：(010) 88254888，88258888。
　　质量投诉请发邮件至 zlts@phei.com.cn，盗版侵权举报请发邮件至 dbqq@phei.com.cn。
　　本书咨询联系方式：(010) 88254161 转 1859，zhusl@phei.com.cn。